AF460131

ADAM

DE CRAPPONNE

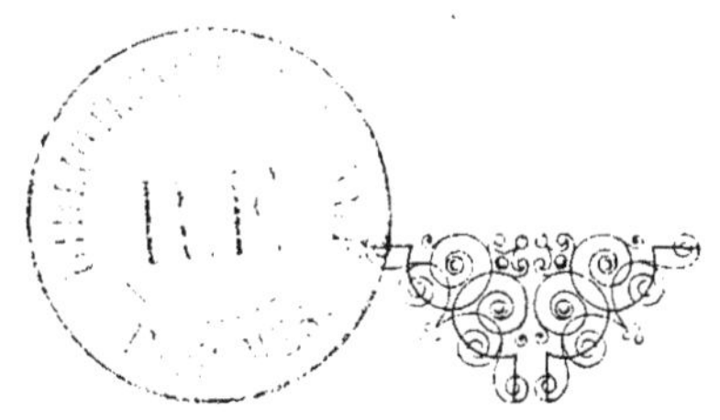

AIX,
TYPOGRAPHIE DES HOIRS AUBIN, SUR LE COURS, 53.

1854

ADAM DE CRAPPONNE.

Une des plus grandes figures historiques que la Provence ait léguées à l'admiration de la postérité, est assurément celle de l'ingénieur éminent, de l'illustre mathématicien du XVIme siècle, qui consacra sa fortune et sa vie à l'exécution des plus gigantesques travaux. Ce n'était pas assez pour Adam de Crapponne, dans les loisirs que lui laissait la guerre, où sa bravoure avait plus d'une fois éclaté, ce n'était pas assez, dis-je, de doter son pays d'un ouvrage merveilleux qui devait assurer à tout jamais la fécondité de son territoire et devenir, pour toute la contrée, une source incessante de richesse; il lui fallait encore, pour immortaliser son nom, dessécher les marais de Fréjus, projeter la jonction des bassins de la Saône et de la Loire, concevoir l'idée, aujourd'hui réalisée, d'un grand canal de Provence, conduire les eaux de l'Arriége *aux pierres de Naurouse*, et, enfin, réédifier les fortifications de Nantes. Un tel homme devait avoir la destinée des héros et des grands citoyens modernes, et celle des génies de l'antiquité.

Comme Abattucci à Ajaccio, l'abbé Barthélemy à Aubagne, Tournefort et Siméon à Aix, sa ville natale devait tôt ou tard inscrire son nom sur la pierre ou sur le marbre, sur le frontispice des rues ou sur le socle d'une statue. Comme Homère aussi, plusieurs villes devaient se disputer l'honneur de lui avoir donné le jour.

Ce double hommage était réservé à l'immortel Adam de Crapponne. Déjà une des belles avenues de Salon porte le nom de son illustre bienfaiteur. * Bientôt un monument, dû à l'habile ciseau d'un sculpteur provençal, ** va être

* Ce souvenir honore l'administration de MM. Bossy, Beaupré et Jourdan, à laquelle en appartient l'initiative.

** M. Ramus.

inauguré sur une des principales places de la ville : — Témoignage tardif mais éclatant de la reconnaissance de ses compatriotes. —

Il ne manquait plus que de vouloir le faire naître ailleurs que dans ce joli petit coin de la Provence dont le nom se lie intimement au sien, et c'est ce qu'a tenté naguères un publiciste fort consciencieux, qui, en cette circonstance, me paraît s'être complètement égaré.

Cet écrivain aquisextien lui donne pour berceau la ville de Montpellier (qui, soit dit en passant, ne le revendique pas), parce que, dans quelques actes où Adam n'a pas figuré en personne, on le qualifie d'*écuyer de Montpellier*, *résidant à Salon.*

Voici ma première réponse, écrite en 1851. Ce n'est point une biographie d'Adam de Crapponne, * mais une simple dissertation polémique, très respectueuse envers l'honorable octogénaire dont je combats l'opinion, et qui a uniquement pour but de démontrer que l'homme illustre

* MM. Mouan et de Jessé-Charleval ont déjà rempli cette tâche avec un remarquable succès. Voir *Portraits des hommes utiles*. — *Plutarque provençal* de 1833. — *Gazette du Midi* des 19 et 20 juillet 1849.

dont la statue est érigée depuis quelques jours sur une place de Salon, n'a pu naître que dans cette ville.

Voici la reproduction textuelle de ces lignes, qui parurent dans le feuilleton de la *Gazette du Midi*, à l'époque où on recueillait depuis un mois et où l'on continuait de recueillir, pour l'érection future de la statue, les dons volontaires des habitans.

Au moment où toutes les communes de notre département, fertilisées par le canal de Crapponne, se réunissent, dans un sentiment commun de reconnaissance, pour honorer la mémoire de leur immortel bienfaiteur, au moment où elles s'occupent avec une incessante activité de l'érection d'un monument destiné à perpétuer le souvenir d'Adam de Crapponne, au moment, enfin, où le marbre va reproduire les traits de cet illustre ingénieur du XVIme siècle, il n'est pas sans utilité de faire connaître à la Provence entière quel fut son véritable berceau.

Essayer, en ce moment solennel, même dans un intérêt purement historique, d'accréditer des doutes sur le lieu qui l'a vu naître, c'est dresser l'acte d'accusation de la commune de Salon, c'est lui imputer de vouloir s'arroger sans titre une vaine gloriole, c'est surtout arrêter l'élan de la générosité publique, qu'il est à cette heure si nécessaire d'encourager.

Telle serait pourtant la conséquence d'une article que vient de publier, dans le *Mémorial d'Aix*, un écrivain distingué à qui la ville de Sextius doit une œuvre historique d'une grande valeur.

Quelle que soit l'autorité qui s'attache au nom et aux écrits de M. Roux-Alphéran, il me permettra de n'être pas de son avis dans cette circonstance, de combattre son argumentation et de lui opposer quelques documens authentiques et incontestables.

M. Roux-Alphéran doute que l'illustre Adam de Crapponne soit né à Salon et, pour justifier son incertitude, il se fonde :

1° Sur la probabilité du retour à Montpellier de Guillaume de Crapponne après son mariage avec mademoiselle Marie de Marck-Châteauneuf ;

2° Sur la qualification d'*écuyer de Montpellier* que s'est donnée Adam de Crapponne dans plusieurs actes notariés.

Arrêtons-nous sur le premier point. On me concèdera tout d'abord que, dans une discussion historique ou philosophique, une probabilité se réfute par une probabilité contraire. Eh bien ! il est certain que le contrat de mariage de Guillaume de Crapponne avec Marie de Marck a été reçu, en 1518, dans les écritures de Me Viquieri, notaire à Salon. * Maintenant, pourquoi supposer qu'après son mariage Guillaume de Crapponne soit rentré à Montpellier ? *Parce que sur cinquante mariages*, nous dit M. Alphéran, *entre personnes de pays différens, un seul peut-être offre l'exemple d'un mari quittant sa demeure pour venir se fixer dans celle de sa femme.*

Je comprendrais la portée de l'argument, si le mariage de Guillaume de Crapponne avec Marie de Marck avait été un mariage ordinaire, l'union d'un *vilain* avec une roturière. Mais, au contraire, c'était une alliance de gentilhomme avec une demoiselle de noble extraction, issue

* *Notice historique sur Adam de Crapponne* : *Gazette du Midi* du 19 juillet 1849. — Notice manuscrite extraite du *Livre Vert* de la commune de Salon.

d'une puissante famille de Provence, et qui apportait à son mari, aux termes de son contrat et selon les historiens du temps, *une bonne et riche dot*. * Si Guillaume eût été un petit boutiquier dont le commerce eût prospéré à Montpellier, on pourrait induire de l'infimité de son état que, ne voulant pas demeurer loin du siége de ses modestes affaires, il n'eût point consenti à se déplacer et eût emmené, après son mariage, sa femme avec lui. Mais, je le répète, c'était un écuyer de Montpellier qui épousait une noble et riche demoiselle, et dès-lors il est permis de supposer que la famille de Marck exigea et obtint que Guillaume vint se fixer à Salon.

D'ailleurs, pour que la supposition de M. Roux-Alphéran fût admissible, il faudrait qu'il commençât par établir que le père de Guillaume de Crapponne habitait Montpellier lors du mariage de son fils, et qu'il n'avait pas quitté cette ville, comme l'avaient déjà quittée deux de ses homonymes, ses

* Guillaume de Crapponne, frère de Gérard, chevalier de Rhodes, fils de Friderigo, gentilhomme de Montpellier, en autre endroit mentionné, se vint habituer à Sallon au moyen d'une demoiselle de la famille des Marchs, qu'il y épousa avec un bon et riche dot. César Nostradamus, *Histoire de Provence*, 1614, page 755.

parens, l'un évêque de Sisteron, l'autre commandeur de l'ordre de Saint-Jean-de-Jérusalem, à Marseille *; c'est ce que ne fait pas mon honorable adversaire. Quant à moi, je trouve dans une pièce authentique, sinon la preuve, du moins la présomption que le père et l'aïeul d'Adam de Crapponne ont habité Salon. En effet, le testament d'Adam, reçu en 1552 dans les écritures de Me Etienne Hozier **, notaire à Salon, contient cette disposition très significative : *En cas que je meure, je veux que mon corps soit porté en sépulture en l'église parrochiale et collégiale de Saint-Laurent de Salon et au* TOMBEAU MONUMENT DE MES PRÉDÉCESSEURS.....

Et je teste, ajoute-t-il, *parce que brièvement je m'en veux aller au service du roi notre sire aux camps qu'il fait dresser contre ses ennemis de prochain en ses pays de Champagne, Vermandois et Picardie* ***.

* *Notice historique sur Adam de Crapponne.* — *Gazette du Midi* du 19 juillet 1849.

** La notice historique insérée dans la *Gazette du Midi* des 19 et 20 juillet 1849 assigne l'an 1551 à la date du contrat et le fait recevoir par Me Trossier. Il y a là une double erreur. — Erreur de date et erreur typographique.

*** Voir aussi le *Livre Vert* déjà cité

Il y avait donc dans l'église de Saint-Laurent, à Salon, la tombe des *prédécesseurs* d'Adam de Crapponne. Si je ne m'abuse, ce mot *prédécesseurs* signifie que le caveau devait renfermer au moins le corps de son père et celui de son aïeul. Si donc les prédécesseurs d'Adam furent inhumés à Salon, il est probable qu'ils habitèrent cette ville et que le père de Guillaume l'habitait au moment du mariage de son fils. Guillaume n'avait donc plus à emmener sa femme à Montpellier, et dès-lors croule toute l'argumentation de M. Roux-Alphéran.

Mais après tout, un raisonnement, quelque concluant qu'il soit, n'est qu'un raisonnement, et les habitans de Salon auraient, à mon sens, encouru le reproche de légèreté, s'ils ne s'étaient appuyés que sur des inductions pour dire hautement qu'Adam de Crapponne était leur compatriote.

Je ne citerai, pour les justifier, ni le *Dictionnaire historique* dont la quatrième édition remonte à 1776 *, ni la *Biographie universelle* de Michaud, de 1813 **, je ne parlerai que de l'*Histoire de Provence*, publiée en 1614.

* Adam de Crappone, gentilhomme provençal, natif de Salon.

** Adam de Crapone, issu d'une famille noble, naquit à Salon. Article de M. Emeric David, tom. x.

César Nostradamus, qui en était l'auteur et qui, non-seulement était le neveu d'Adam de Crapponne, mais qui vivait du temps de l'illustre ingénieur, s'exprime ainsi, à la page 344 de son œuvre :

« Friderigo de Crappona, gentilhomme issu d'une ancienne race noble de Pise, ayant quelque inclination au parti des François, alors que nos roys y faisaient encor des courses et venuës, pour le recouvrement du sceptre de Naples et de Sicile, se vint jetter à la ville de Montpellier où il se rendit poursuivant d'une damoiselle de la maison de Andrea, nommée Charlotte (famille illustre et fort releuée, de Naplés, là transplantée et *depuis en Provence*), qu'il espousa pour le mérite de sa qualité. De ce mariage sortirent Geraldo de Crappona, qui fut chevalier de Rhodes et depuis commandeur, et Guillaume de Crappona, son aisné, *lequel se vint habituer à la ville de Sallon, en l'an cinq cens et quinze*, où il espousa une damoiselle de la maison dés Marchs, fille de Guillaume March, sieur de Chasteauneuf : et de ce mariage nasquirent pareillement deux frères (je laisse les filles), l'un fut Adam de Crappona, personnage fort renommé, et l'autre Fridéric, du nom de son ayeul. »

Notons d'abord que Guillaume vint se fixer à Salon en

1515, et non en 1518 *, et que, par conséquent, il n'est pas venu dans cette ville uniquement pour prendre femme. Au moment de son mariage, contracté en 1518, il était donc tout à fait établi à Salon, circonstance très remarquable et qui repousse victorieusement la probabilité indiquée par M. Roux-Alphéran, à savoir que Guillaume, après son mariage, serait rentré à Montpellier.

La probabilité contraire est donc plus admissible.

Mais on acquiert la certitude qu'il y est resté et que son fils Adam y est né, en lisant cet autre passage de Nostradamus, dans lequel il est dit textuellement qu'Adam de Crapponne, *gentilhomme de Sallon, tira un petit bras de Durance*, AU LIEU DE SA NATIVITÉ **.

Et qu'on veuille bien remarquer que l'*Histoire de Provence* où je puise toutes mes citations est l'œuvre la plus consciencieuse qui ait paru au commencement du XVIIme siècle; que César Nostradamus, qui la fit imprimer en 1614, y avait consacré de longues années de travail, ce qui auto-

* Mouan, *portraits des hommes utiles* (Adam de Craponne.)

** Adam de Crappo[illegible]n, gentilhomme de Sallon, à la postérité duquel j'ai l'honneur de toucher de près, tire un petit bras de Durance au lieu de sa nativité. — *Histoire de Provence*, page 77[illegible].

rise raisonnablement à penser qu'il avait entrepris cette tâche difficile vers 1600, vingt ans environ après la mort d'Adam de Crapponne, alors qu'il avait toute la fraîcheur de ses souvenirs. D'ailleurs, est-il besoin de dire que, dans une famille dont tous les membres habitent le même pays, chacun sait d'ordinaire le lieu de naissance de son proche parent ?

Qui donc mieux que César Nostradamus, qui vivait à Salon dans le XVIme siècle et qui avait épousé la nièce d'Adam, pourrait inspirer confiance à la postérité ?

Et maintenant (pour dire un mot de la deuxième difficulté soulevée par M. Roux-Alphéran[1], qu'importe qu'Adam de Crapponne ait pris quelquefois, dans certains actes, la qualité d'écuyer de Montpellier ? Cette qualité, qu'il n'a peut-être pas prise et qu'il s'est laissé donner par les notaires du temps, n'implique pas nécessairement qu'il fût né dans cette dernière ville. Le titre d'écuyer étant héréditaire[1] et ses ancêtres ayant toujours porté celui d'écuyer de la ville dans laquelle ils étaient venus se fixer, en quit-

[1] Merlin. — V° *Chevalier*, 5e édition, in-quarto, tome II, pag. 647. Charles Loiseau. — *Traité des offices*. — Laroque. — *Traité de la noblesse*.

tant l'Italie, Adam a pu continuer à se l'attribuer ou à se le laisser attribuer, sans qu'on puisse en rien inférer contre notre opinion.

Irait-on, par exemple, jusqu'à soutenir (et ceci est un argument d'analogie tiré de mon sujet) que Guillaume de Marck, *sire de Châteauneuf-les-Moustiers*, beau-père d'Adam de Crapponne, a probablement vu le jour à Châteauneuf-les-Moustiers?

Et aujourd'hui dirait-on que le prince de Lambesc et le marquis d'Eyragues qui, avant d'être prince et marquis, portaient un nom patronymique plus modeste, sont nécessairement nés, l'un à Lambesc, l'autre à Eyragues?

Que M. Bachasson, comte de Montalivet, est originaire de Montalivet?

On objectera peut-être que Lambesc, Eyragues et Montalivet ont été érigés en principauté, marquisat et comté.

Mais Isly, est-il un duché?

Ne serait-il pas curieux que, dans quelques siècles d'ici, les Africains eussent la fantaisie de décerner au maréchal Bugeaud de grandes lettres rétrospectives et posthumes de naturalité arabe et de le faire naître à Isly?

D'un autre côté, si je ne craignais de faire dégénérer cette grave discussion en plaisanterie ou en pédantisme, et de renouveler en quelque sorte la querelle de Beaumarchais, je dirais à mon savant contradicteur que, pour supposer qu'Adam de Crapponne soit né dans le Languedoc (honneur que par parenthèse le Languedoc n'a jamais revendiqué), il faudrait que dans tous les actes dans lesquels Adam s'est intitulé écuyer de Montpellier, les notaires eussent soigneusement séparé, par une virgule, le mot *écuyer* des deux mots : *de Montpellier*.

Ce qui indiquerait enfin que cette qualité n'était pas la preuve sans réplique qu'Adam fût né dans le Languedoc, c'est que dans son testament (pièce évidemment dictée par lui), il s'intitule écuyer de Salon. [1]

Mais pourquoi insister ?

Il me paraît évident, par ce qui précède, que Crapponne a pu prendre, dans certains actes, la qualité d'écuyer de Montpellier, sans être nécessairement né dans cette ville, et d'ailleurs, si ce titre, qu'il s'est donné quelquefois ou qu'on lui a donné, a pu faire naître le doute, ce doute s'évanouit

[1] Notice manuscrite tirée *du Livre Vert*, de la ville de Salon.

en présence des termes de son testament et du témoignage formel de César Nostradamus, son parent, son compatriote et son contemporain.

Mais, après tout, en supposant qu'Adam de Crapponne ne fût pas né à Salon (ce que personne n'a démontré jusqu'à ce jour), quel est le pays au monde qui pourrait le réclamer comme un de ses enfans à plus juste titre que la ville où il a vécu, où il voulait être enterré dans le tombeau de ses prédécesseurs, et où il a accompli ces grandes et merveilleuses choses qui ont rendu son nom immortel ?

Ces lignes n'eurent pas le bonheur de convaincre M. Roux-Alphéran. Sa réplique, insérée dans le *Mémorial d'Aix*, du 6 janvier 1851, nécessita de ma part une deuxième et dernière réponse, dont les premiers mots, écrits sans intention blessante, déplurent, à mon grand étonnement, à l'honorable vieillard qui me les avait inspirés.

Voici cette réponse, augmentée de quelques renvois :

Il est une chose qui est au-dessus de mon intelligence; c'est l'obstination que met M. Roux-Alphéran à vouloir ravir à notre département l'honneur d'avoir donné le jour à l'illustre Adam de Crapponne. Qu'une plume languedocienne se fût chargée de ce soin difficile et y eût apporté toute la noble ardeur qu'inspire l'amour du clocher, je n'aurais eu garde de m'en étonner; mais qu'en Provence, à quelques pas de la ville où l'immortel ingénieur a conçu et exécuté ce merveilleux travail, qui fait encore aujourd'hui l'admiration des hommes les plus versés dans la science hydraulique [*], il se soit trouvé un écrivain qui ait essayé de contester l'indigénéité de cette illustration, voilà ce qui me passe et m'afflige.

Mon savant contradicteur a donc, à mon avis, un excès de zèle à se reprocher ; voyons si on ne peut pas lui imputer aussi quelques erreurs de raisonnement.

Je ne relèverai pas le grief qu'il me fait de ne pas avoir attendu, pour lui répondre, la fin de son travail. Je n'avais point à m'occuper du bailly de Suffren, auquel il n'est pas question en ce moment d'élever une statue sur la place publique, bien qu'il l'ait suffisamment méritée. Tout le monde sait d'ailleurs que le bailly de Suffren est né à Saint-Cannat, et M. Roux-Alphéran me permettra de lui dire que ce n'était pas la peine de faire une longue disser-

[*] La pente du canal de Crapponne est immense ; elle deviendrait même nuisible et userait la cuvette par une trop grande vitesse, si Adam de Crapponne, dans le tracé de son canal, n'avait établi des coudes et des détours qui modèrent, d'espace en espace, la violence du cours, ce qui fait l'admiration des plus habiles ingénieurs.

(Estrangin, d'Arles. — *Economie politique des eaux industrielles.*)

tation pour prouver ce que d'autres ont démontré avant lui. *

Ce qui m'intéressait vivement, au plus haut degré, c'était d'établir le lieu de naissance d'Adam de Crapponne, dans un moment où on lui donnait une ville de l'Hérault pour patrie, et la précipitation de la réponse ne saurait être sérieusement désapprouvée.

Le mal n'est pas là; il serait dans l'insuffisance de mes preuves, dans l'inexactitude de mes documens, et j'ai à cœur de démontrer que les unes et les autres n'ont rien d'apocryphe.

J'ai dit qu'Adam de Crapponne était né à Salon, et qu'il était impossible, en présence des termes de son testament et surtout du témoignage formel de César Nostradamus, de le faire naître ailleurs.

Mon contradicteur, qui a senti toute la force de ce témoignage, a essayé de l'affaiblir en récusant l'autorité de l'historien du XVIIme siècle, qui était, je l'ai dit, le parent, le compatriote et le contemporain de l'illustre ingénieur.

* Voir, dans le *Sémaphore* de Marseille, du 21 septembre 1850, l'acte de naissance du bailly de Suffren et le préambule du rédacteur.

Selon M. Roux-Alphéran, César Nostradamus *aurait rempli son histoire de faussetés généalogiques, de contes à faire dormir debout, etc.*

Cette critique peu bienveillante et très tardive de l'œuvre d'un homme aussi considérable que César Nostradamus, qui fut tout à la fois peintre très habile, musicien, poète et écrivain distingué, ne s'accorde guères avec l'appréciation que firent, en 1603, du manuscrit les États de Provence, tenus en la ville d'Aix, par mandement de Henri IV.

« Les États « porte la délibération » en considération « d'un si beau et si inestimable thrésor que celuy de la « chronique et annales de Provence......... d'une com- « mune voix et acclamation ont ordonné trois mil liures « à M. César de Nostredame, en attendant de le plus « amplement recognoitre et récompenser selon son mé- « rite. * »

Les conseils-généraux d'aujourd'hui accorderaient-ils des fonds à un écrivain peu recommandable, à l'auteur d'un ouvrage sans valeur ?

* Délibérations et ordonnances faites aux États tenus en la ville d'Aix, le 23 octobre 1603.

D'ailleurs, si ce que dit M. Roux-Alphéran de César Nostradamus était vrai, comment expliquerait-on les nombreux emprunts qu'ont faits à cet historien les auteurs estimés qui ont écrit après lui sur le même sujet, et notamment Honoré Bouche * et l'Hermite de Souliers. **

Mais examinons les énormes infidélités que mon contradicteur a relevées sur le point qui nous occupe. César Nostradamus, me dit-il, était un écrivain si peu consciencieux qu'il ne savait pas même l'époque à laquelle Guillaume de Crapponne vint se fixer à Salon, ni la date précise de son mariage. Cela est si vrai, ajoute-t-il, qu'à la page 344 de son œuvre, il dit que *c'est environ en l'an* 1515 *que Guillaume vint s'habituer à Sallon*, et à la page 733, à la marge, que *c'est en l'an* 1516.

Si les chiffres indiqués par M. Roux-Alphéran étaient exacts, je dirais hardiment qu'il n'y a pas la moindre contradiction à reprocher à l'historien, parce que 1515 est l'*environ* de 1516. Mais mon habile adversaire a mal lu ou mal retenu la date de la page 733, et, avec la loyauté

* *Chorographie de Provence*, pages 92 et autres.

** *Toscane française*, 3e page de *Médicis*, 3e page de *Panissi*.

qui le distingue, il s'est empressé de reconnaître son erreur dans une lettre qu'il m'a fait l'honneur de m'adresser. * C'est 1518 et non pas 1516 qu'il faut lire ; et comme cette date de 1518 concorde rigoureusement avec celle du contrat, notaire Viquiéri, à Salon, M. Roux-Alphéran ne pourra plus dire que l'historien ignorait l'époque du mariage de Guillaume de Crapponne.

A la page 344, le consciencieux auteur parle de l'époque à laquelle Guillaume vint se fixer à Salon, et il en parle approximativement, parce qu'elle n'est établie dans aucun acte authentique du temps, tandis qu'à la page 733, il indique avec précision l'année de son mariage. Je n'ai donc rien à retrancher des argumens de probabilité que j'ai déduits de ces diverses dates dans ma première réponse. ** Guillaume de Crapponne était fixé à Salon depuis plusieurs années, quand il s'y maria, et la probabilité la plus admissible est qu'il continua de demeurer dans le pays de sa femme qui lui avait apporté une riche dot.

Mais en voici bien d'une autre : César Nostradamus nous

* A la date du 22 janvier 1851.

** Voir la *Gazette du Midi* des 22 et 23 décembre 1850

apprend, dit M. Roux-Alphéran, que Mademoiselle de Marck se prénommait Ysabeau, et le contrat de 1518, notaire Viquiéri, porte les prénoms de Marie-Magdeleine ; et mon contradicteur de me dire, avec une sorte de jubilation : *Ce prénom d'Ysabeau vous gênait et vous l'avez sagement supprimé.* Je pourrais lui répondre que j'étais gêné par ce prénom comme il l'a été par le chiffre de 1518 ; mais je ne veux pas infliger à mon honorable adversaire la peine du talion, et j'aime mieux discuter.

Qu'il me soit permis de constater, tout d'abord, que Nostradamus ne se trompe pas sur le nom patronymique de la fiancée de Guillaume, et que c'est bien une demoiselle de Marck que Guillaume de Crapponne vint épouser à Salon. Maintenant, qui a prouvé jusqu'ici que Mademoiselle de Marck se prénommàt Marie-Magdeleine ? Le contrat de 1518, dit M. de Jessé. Eh bien, dans ce contrat, le prénom de Magdeleine [*] est littéralement indéchiffrable. J'ignore à l'aide de quel paléographe [**] l'auteur de la re-

(*) Les notaires ont contracté en latin jusqu'en 1540 environ ; les témoins, les parties ne signaient pas les contrats, et il fallait qu'ils n'eussent pas moins de connaissance que de probité. — LAROQUE, *Traité de la noblesse*, pag. 411.

(**) M. Pardigon père, d'Aix, archiviste et paléographe de l'œuvre

marquable notice sur Adam de Crapponne a pu se convaincre de l'authenticité de ce prénom? Ce ne peut être qu'une erreur due à l'infidélité de ses souvenirs ou à l'habitude contractée de nos jours d'accoler au prénom de Marie celui de Magdeleine.

Mais en supposant que le contrat portât les prénoms de Marie-Magdeleine, je soutiens que César Nostradamus aurait raison contre le contrat, et c'est l'historien qu'il faut croire plutôt que l'acte authentique. Mon contradicteur, qui a plus d'expérience que moi de toutes les choses de ce monde, ne sait-il pas que dans une foule de familles, j'allais dire dans presque toutes, à quelque rang qu'elles appartiennent, il est des membres qui portent d'autres prénoms que ceux qui figurent dans les contrats? Dans mon entourage, j'ai des exemples frappans de ces substitutions. Il a pu en être ainsi pour Mademoiselle de Marck ; j'estime même qu'il a dû en être ainsi, car je mets au-dessus de tout le témoignage de M. César de Nostredame (César Nostrada-

de Crapponne, qui possède beaucoup de documens sur cette association, et qui me les a communiqués avec une complaisance extrême, dont j'aime à le remercier, m'a assuré que le contrat de 1518 n'avait jamais passé sous ses yeux.

mus) qui a dù entendre parler très souvent de sa tante, qui vivait dans le même pays et en même temps qu'elle, et qui, dans un siècle et dans une petite ville où l'on ne comptait pas beaucoup de gentilshommes, devait être admis, même avant son mariage, dans l'intimité de Madame de Marck de Crapponne.

Les prénoms de Marie-Magdeleine peuvent donc se concilier parfaitement avec celui d'Isabeau, que l'historien donne à la mère d'Adam. Les premiers étaient peut-être ceux de son acte de naissance; le dernier était le prénom d'affection ou d'habitude, celui qu'une mère donne quelquefois à son enfant dans ses momens d'expansion et d'enthousiasme maternels, et sous lequel il est plus tard généralement connu.

Que dire maintenant de cette petite chicane que me fait M. Roux-Alphéran, au sujet des mots qui se trouvent à la page 776, de l'œuvre de César Nostradamus? *Adam de Crapponne tire un bras de la Durance au lieu* DE SA NATIVITÉ.

On lit ces mots à la marge et non dans le corps de l'ouvrage, me dit M. Roux-Alphéran. Cela est vrai, mais on les lit, et ce sont des mots dont mon adversaire ne parviendra jamais à dénaturer la signification. Qu'importe qu'ils soient à la marge ? Il faut peut-être le préférer, car l'historien consigne ordinairement, dans ce coin de son œuvre, la substance de sa pensée, la quintessence de la vérité, et on doit, à mon avis, plus hésiter à contester ce qui y est écrit, que ce qui est consigné dans le corps de l'ouvrage.

D'ailleurs, mon contradicteur paraît ne pas dédaigner les documens qui se trouvent à la marge, car son argumentation des dates de 1515 et de 1516 * repose précisément sur une donnée de cette nature.

D'une part, M. Roux-Alphéran croit à la vérité de la marge, de l'autre, il n'y croit pas... Pourquoi cette distinction ?

On sait, ajoute-t-il enfin, que *César Nostradamus ne manque pas d'illustrer, tant qu'il peut, Salon, sa patrie.* Mais est-ce aux dépens de la vérité ? Voilà ce qu'il fallait démontrer. Qu'est-ce à dire d'ailleurs? L'auteur des *Rues*

* La date de 1516, selon M. Roux-Alphéran, de 1518, selon moi, se trouve à la marge, et il a fallu que mon adversaire y ajoutât foi pour la comparer avec celle de 1516, de la page 344.

d'Aix serait-il convaincu que l'écrivain qui fait l'histoire de sa patrie est naturellement porté à une exagération louangeuse? J'ai plus de confiance que lui dans l'impartialité des historiens, de ceux-là surtout qui affirment un fait auquel ne se rattachent point des passions politiques.

Voilà donc César Nostradamus suffisamment lavé, à mon avis, du reproche d'infidélité et d'exagération. Ce qui reste, pour le moment, du débat, c'est son affirmation, que rien n'a encore ébranlée, de la naissance à Salon d'Adam de Crapponne.

Mais cette affirmation n'est point isolée; elle est implicitement corroborée par le témoignage de quelques autres historiens et généalogistes du XVIIme siècle qui n'étaient pas les parents de l'illustre ingénieur et qui n'étaient pas nés à Salon.

Voici ce que dit textuellement Honoré Bouche * dans sa *Chorographie de Provence*, imprimée en 1664 :

« ..... Un petit canal de cette rivière est retranché, di « verty du plus grand et conduit dans un assez grand et « très long fossé dit Craponne, du nom de son autheur,

* Tome I, pag. 28.

« Adam Craponne, *gentillome de Salon*, qui, en l'an 1558, « fit conduire cette eau avec de grandes dépenses, pour « arroser la campagne et faire des moulins à la ville de « Salon, etc. »

D'un autre côté, voici un passage assez significatif de la *Toscane française*, de l'Hermitte de Souliers, recueil de généalogie imprimé en 1658 : *

« La dame d'Andréa rendit Fédéric père de Guil- « laume de Crapponne, lequel *quitta* le Languedoc pour « s'aler marier en Provence, en la ville de Salon, où l'an « 1518 il prit pour femme damoiselle Marie de Marck, « fille de Louys, seigneur de Chasteau-Neuf, duquel « mariage sortirent deux fils: Adam et Frédéric; l'aisné « dont sera parlé ci-après mourut sans avoir esté marié; « Frédéric, deuxième du nom, *eut comme son ayeul incli- « nation pour le Languedoc*, et le 14 janvier de l'an 1550 « espousa à Montpellier la damoiselle Claire de La Coste, « d'une des plus nobles et anciennes familles du pays. »

Ne faut-il pas raisonnablement conclure de la première de ces deux citations qu'Adam de Crapponne était né à

* Généalogie des Crapponne.

Salon, et de la seconde, que Guillaume de Crapponne, son père, *quittant* Montpellier, pour me servir de l'expression de M. de Souliers, l'abandonna, sans esprit de retour, pour se fixer dans la patrie de sa femme ; qu'Adam et Frédéric y naquirent, et que ce dernier revint dans le pays longtemps habité par ses ancêtres pour s'y marier avec Mademoiselle de La Coste ?

Les dictionnaires biographiques qui ont puisé à de pareilles sources doivent trouver grâce, ce me semble, auprès de M. Roux-Alphéran.

J'arrive au testament... Combien je suis heureux de pouvoir mettre sous les yeux du lecteur, malgré son étendue, ce précieux document, * véritable chef-d'œuvre de piété, d'amour filial, de dévouement fraternel, dont chaque ligne est un hommage du testateur à la religion, à sa famille, à sa patrie, dont chaque mot respire l'enfant de Salon ! Qui douterait, après la lecture de cette pièce, que celui qui la dicta ne fut dominé par son affection pour le sol natal qu'il allait quitter, par ce sentiment dont l'expression devient un besoin dans ce moment solennel ? Le nom de Salon se trouve presque dans toutes les phrases,

* Voir à la fin, *Pièces justificatives*.

et cependant, à l'heure où il dictait ses dernières dispositions, Adam de Crapponne n'avait pas encore fait son canal. Ce n'était pas alors la reconnaissance de la gloire acquise plus tard par ses immortels travaux qui pouvait l'attacher à cette ville, mais c'était plutôt le souvenir de sa famille et de son berceau. C'est dans ce document, comme dans une foule d'autres, * qu'il s'intitule par deux fois écuyer de Salon, c'est là qu'il fait un legs au curé de la paroisse, c'est là que, sur le point de partir pour le service du roi, il exprime le vœu, en cas de mort, d'être enterré dans l'église parrochiale et collégiale de St-Laurent de Salon et dans le tombeau monument de ses prédécesseurs.

Adam, dit M. Roux-Alphéran, a voulu parler de ses prédécesseurs maternels, parce que le tombeau des de Marck appartient aujourd'hui à Messieurs de Marck de Panisse. J'avoue, en toute humilité, que cette raison ne me séduit pas. Je reconnais que la chapelle dans laquelle se trouve, à Salon, le tombeau des de Marck, a été fondée en 1501, par Pierre de Marck. C'est du moins l'inscrip-

* Il n'est pas d'homme de ce temps et peut-être même du nôtre, qui ait passé plus d'actes qu'Adam de Crapponne. S'il fallait juger du lieu de sa naissance, à Salon ou à Montpellier, par la quantité des qualifications, c'est à Salon qu'il faudrait donner la préférence.

tion qui me l'apprend ; mais ce que je ne reconnais pas, et ce que l'on ne me prouve pas, c'est qu'il n'y ait aucun Crapponne, de la branche de Montpellier, dans le caveau.

Voici, du reste, textuellement, l'inscription tumulaire qu'on lit dans ce coin de l'église Saint-Laurent, du côté de l'Évangile :

« Cette chapelle a été fondée
« le 12 octobre 1501,
« Par Pierre de Marck, sous l'invocation de Saint-Pierre apôtre.
« Louis de Marck, son fils, orna cette chapelle et la dota.
« Il fit terminer à ses frais la grande nef de cette église de Saint-Laurent.
« Alexandre, Pierre et Auguste de Marck de Panisse
« Passis, chevaliers de l'ordre souverain de Malte et de
« Saint-Louis, fils de messire Henry, marquis de Marck
« de Panisse, ont fait restaurer cette chapelle fondée par
« leurs ancêtres, l'ont ornée pour la gloire de Dieu et en
« souvenir de leur respect et de leur tendresse pour leur
« mère Jeanne-Charlotte d'Albertas, après y avoir dé-
« posé ses restes mortels.
« L'an de grâce 1825. »

Cette épitaphe toute moderne n'a rien dans sa contexture, si ce n'est le millésime de 1501, qui rappelle l'originalité des inscriptions du XVIme siècle. Prouve-t-elle, d'ailleurs, que Guillaume de Crapponne et son père ne soient pas inhumés sous les dalles de la chapelle? Nous donne-t-elle la nomenclature des morts qu'elle recouvre, et serait-il impossible que les de Marck, après leur alliance avec les Crapponne, eussent consenti à partager avec eux leur dernière demeure?* Si la tombe appartient aujourd'hui aux gentilshommes de Marck de Panisse, c'est que la branche des Crapponne de Montpellier étant éteinte, il était naturel que la propriété du caveau passât à la famille survivante, qui, du reste, en était la fondatrice.

Le mot *prédécesseurs* comprend donc tout à la fois, à mon avis, et les ancêtres paternels et les ancêtres maternels d'Adam de Crapponne.

Arrêtons-nous enfin à la difficulté spéciale du débat, à la qualification d'*écuyer de Montpellier*, *résidant à Salon*,

* Pour que ces suppositions fussent taxées d'inexactitude, il faudrait que M. Roux-Alphéran démontrât d'une manière saisissante qu'il n'y a point de Crapponnes dans ce caveau.

que l'on rencontre dans certains actes, à côté du nom d'Adam de Craponne.

Disons un mot, en passant, de l'origine de la noblesse, quoi qu'elle ne soit pas essentiellement en cause dans cette discussion historique. Mon adversaire me raille parce que j'ai dit que le prince de Lambese avait, dans l'origine, un nom patronymique plus modeste. Mais c'est là un fait incontestable, et je m'étonne, à mon tour, qu'un généalogiste aussi distingué que M. Roux-Alphéran ignore que tous les grands noms ont eu une origine plébéienne et roturière. Montmorency ne s'appelait-il pas Bouchard; Luxembourg, Péguilhen; d'Abrantès, Junot; et, parmi les maisons souveraines elles-mêmes, Pierre-le-Grand ne s'appelait-il pas Romanoff; les ducs de Lorraine, Erchinoald, et l'ancienne maison royale d'Angleterre Steward ou maître d'hôtel ?

Le premier qui fut roi fut un soldat heureux.

Je crois, avec M. Roux-Alphéran, que le titre d'écuyer ne donnait aucun droit utile ou honorifique sur le lieu auquel on l'accolait. Cependant rien n'est démontré à cet égard, et il est très probable qu'à cette époque les Craponne de Pise, fixés dans l'Hérault, pour se distinguer de la branche d'Italie *, se parèrent du titre d'écuyers de Montpellier, et le transmirent, sans séparation dans les mots, à leurs héritiers. Chacun sait qu'au commencement du XVIme siècle (en 1500), la noblesse, en France, n'était rien moins qu'organisée, rien moins que réglementée. Il n'existait point alors d'almanach royal, ni d'annuaire de la noblesse. Beaucoup de gens s'affublaient de titres qui ne leur appartenaient pas ; beaucoup s'appelaient nobles, qui auraient été embarrassés de montrer des blasons et de justifier de leurs quartiers. Cet état de choses, qui n'était pas précisément le chaos, mais qui en approchait, dura jusques vers le milieu du XVIIme siècle ; jusqu'au jour où, pour le faire cesser, Louis XIV rendit une ordonnance qui prescrivait *la vérification des titres de noblesse de la Provence et nommait des commissaires pour procéder à la recherche des usurpateurs.* **

* La famille de Crapponne existe encore à Pise ; elle paraît fort jalouse de ses illustrations, quoiqu'elle les compte par centaines, et il ne serait pas impossible qu'elle eût, relativement au *rameau* français, la connaissance parfaite de tous les détails qui peuvent nous manquer. Lettre de M. de Jessé-Charleval, du 19 janvier 1851.

** Conseil d'état du roy, sa majesté y étant, tenu à St-Germain-en Laye, le 19 mars 1667. LAROQUE *Traité de la noblesse*. Pag. 407

Dans ce long intervalle de temps, pendant lequel des abus nombreux se sont révélés, de simples écuyers n'ont-ils pas pu ajouter à leur titre modeste le nom de la localité qu'ils habitaient et transmettre le tout à leur descendance, sans prétendre des droits d'aucune espèce sur le lieu dont ils se faisaient ainsi une qualité? Qui oserait affirmer qu'il n'en fût pas ainsi pour la branche des Crapponne, de Montpellier ?...

Mais j'admets un instant que ma supposition soit fausse, quelle est l'argumentation de mon adversaire sur ce point?

Il prétend que les qualifications d'*écuyer de Montpellier* et d'*écuyer de Salon* signifiaient uniquement qu'on était né ou qu'on résidait à Montpellier ou à Salon. Je crois qu'elles avaient une troisième signification, oubliée par M. Roux-Alphéran. Elles indiquaient aussi qu'on était originaire de l'une de ces deux villes.

Sous l'influence de cette opinion, dont j'étais pénétré en écrivant ma première réponse, je n'ai pu dire nulle part que l'intention d'Adam de Crapponne fût d'indiquer qu'il résidait à Montpellier, en s'intitulant écuyer de Montpellier, et je n'ai pu en même temps le faire résider à Salon et à Montpellier. Mon adversaire me prête un syllogisme facétieux, dont je nie les prémisses.

Ce que j'ai dit, je le maintiens, c'est que les ancêtres d'Adam de Craponne ayant toujours porté le titre d'écuyers de Montpellier, ville où ils étaient venus se fixer en quittant Pise, l'illustre ingénieur, n'attachant à cette qualité qu'une signification d'origine, avait pu continuer à se l'attribuer ou à se la laisser attribuer.

Cela est tellement vrai, que l'acte de naissance d'Adam de Crapponne ne se trouve pas à Montpellier, où les archives sont entières, * et où l'on assure que les recherches les plus minutieuses ont été infructueusement faites, tandis que les archives et les registres des paroisses de Salon furent

* *Il est à craindre*, me dit dans sa lettre du 19 janvier, l'infortuné M. de Jessé Charleval qui, né dans le département de l'Hérault, à Béziers, je crois, a fouillé dans tous les registres de la contrée, *il est à craindre que Montpellier, qui a ses archives si entières, ne trouve l'acte même de naissance de Crapponne.*

Les archives sont donc entières. C'est M. de Jessé qui l'affirme, et l'affirmation de M. de Jessé, qui a fait lui-même de longues et minutieuses recherches à Montpellier, ne saurait être révoquée en doute. Maintenant, qu'importerait qu'il y eût quelques lacunes dans les registres des États de Languedoc, dans ceux de la Cour des aides et des comptes, de la généralité, du présidial et de l'intendance? Il suffit que les archives municipales et celles des paroisses soient entières (et celles-là ont dû être vérifiées par l'intelligent M. de Jessé), pour que son affirmation reste avec toute sa valeur.

la proie d'un incendie vers la fin du XVIIme siècle. L'acte de naissance d'Adam de Crapponne n'étant pas dans le Languedoc, la qualification d'*écuyer de Montpellier* ne peut donc pas signifier qu'il était né dans cette ville. 1

Quant à ces mots *résidant à Salon*, je ne me les explique que par une impropriété d'expression, équivalant d'ailleurs, si elle n'était pas impropre, au *domicilié et demeurant*, de nos jours; peut-être faut-il les attribuer à ce sentiment de vanité qui porte certains hommes à laisser croire qu'ils sont nés à la ville et non au village, ou plutôt à cette circonstance très significative qu'Adam de Crapponne, quoique né à Salon, mais étant presque constamment en voyage * pouvait être considéré comme n'ayant en fait qu'une résidence à Salon. Aussi, en 1546, dans le premier acte qu'il ait passé après avoir atteint sa majorité, en 1552, dans son testament, alors qu'il n'avait pas encore quitté son pays natal, il s'intitule seulement écuyer de Salon.

* On le voit tantôt à Aix, tantôt en Champagne, tantôt à Fréjus, puis à la cour, à Montpellier, à Toulouse, dans l'Arriège, à Passy en Faucigny, et ses absences étaient fort longues, à cause des travaux qu'il dirigeait ou qu'il se proposait de faire exécuter dans quelques-unes de ces localités.

1 On pourrait dire que si Adam de Crapponne se qualifie ici en qualifié d'écuyer de Montpellier, ailleurs d'écuyer de Salon alternativement ou successivement, c'est qu'il habitait tantôt l'une de ces villes, tantôt l'autre, et qu'il n'indiquait que la résidence momentanée, étant d'ailleurs propriétaire dans l'une et dans l'autre, ou dans leur territoire — au reste, [illegible]

Mais je veux bien faire bon marché de toutes ces hypothèses et j'arrive à des considérations qui me paraissent décisives.

Mon adversaire a signalé, dans son article du 15 décembre 1850, trois documens dans lesquels on donne à Adam de Crapponne la qualité d'*écuyer de Montpellier résidant à Salon* : 1° la transaction de 1571 ; 2° une délibération du conseil de ville d'Aix, du 8 octobre 1565, et enfin une concession des maistres rationaux, de 1554.

On sait qu'en 1571 Adam de Crapponne se trouvait à la Cour, à la suite du roi. Avant de quitter Salon, tourmenté qu'il était par les usagers auxquels il avait concédé de l'eau, il fit une procuration, notaire Laurens, à la date du 1er septembre 1571, pour consentir l'abandon de son canal. Dans cette procuration, que j'ai sous les yeux en ce moment, Adam de Crapponne s'intitule *écuyer de Salon*.

Un mois et demi après, le 20 octobre 1571, l'abandon du canal est consommée, et dans l'acte de cession, notaire Catrebards, Adam est autrement qualifié que dans la procuration.

Le mandataire lui avait donné la qualité D'ÉCUYER DE

titre d'Escuyer de la ville d'Aix [illegible]
[illegible]
[illegible] extrait des registres [illegible]
[illegible] 31 [illegible] 1584 [illegible]
[illegible] provençal [illegible] à Grasse
[illegible] en 1588, à 54 ans [illegible] extrait
[illegible]
[illegible] 1588
[illegible]

MONTPELLIER RÉSIDANT A SALON !...* Il est vrai qu'en 1583, le notaire d'Aix, reconnaissant son erreur, intitulait Crapponne écuyer de Salon.

Ab uno disce omnes.

Dans la délibération du conseil de la ville d'Aix, du 8 octobre 1565, je lis textuellement ce que voici :

« Le conseilh assemblé, a esté proposé par puissant sei-
» gneur Monsieur de Porrière, à l'occasion pourquoi le
« présent conseilh et assemblée générale de ceste ville a
« esté convoqué présents et assistants, Messires de la cour
« du parlement des comptes, sieur lieutenant viguier,
« lieutenant de juges et aultres magistrats de la ville, c'est
« pour cause que M. de Crapponne, *de la ville de Salon*,
« a entrepris de faire conduire et dériver l'eau de la rivière
« de la Durance en ceste ville d'Aix, etc. »

* Oui, M. Roux, c'est là une infidélité remarquable et, à elle seule, elle me paraît renverser tout votre système. Dans aucun cas on ne donne à son mandant d'autre qualité que celle qu'il a prise lui-même dans sa procuration. Vous le reconnaissez vous-même dans le renvoi qui est au bas de la page 28 de vos pièces justificatives. S'il n'en a pas été ainsi dans cette circonstance, c'est qu'apparemment les témoins du contrat n'étaient pas fâchés qu'on donnât à leur illustre parent la qualification qui les flattait le plus.

Je ne vois pas dans ce document la qualité d'*écuyer de Montpellier résidant à Salon.*

Reste la concession des mestres rationaux. — Ce n'est pas la qualité octroyée dans la concession qu'il faut considérer, mais bien celle prise dans la requête qui fut présentée à la chambre des comptes, et que nous n'avons pas.

Adam de Crapponne ne demandait pas toujours lui-même. Ses parents, ses amis sollicitaient quelquefois pour lui. Ainsi le dessèchement des marais de Fréjus avait été autorisé par lettres patentes du roi du 17 novembre 1566, *sur la demande* du chanoine Pierre de Cadenet. * N'a-t-il pas pu en être ainsi pour l'autorisation de faire son canal? Cela est d'autant plus vraisemblable, que la concession est datée de l'an 1554, et qu'en 1552, après avoir fait son testament, Adam de Crapponne partit *pour la Champagne, le Vermandois, la Picardie.*

Finissons, il en est temps.

Que conclure de ce grave débat? C'est que la lutte ne

* Notice historique sur Adam de Crapponne. – *Gazette du Midi*, du 20 juillet 1849.

peut être qu'entre Salon et Montpellier, et que la ville de Salon, qui malheureusement n'a plus ses archives du seizième siècle, est mieux fondée que Montpellier, qui les a toutes, et qui n'a jamais pu exhiber l'acte de naissance d'Adam, à revendiquer l'honneur d'avoir donné le jour à l'illustre ingénieur. Il faut en conclure encore que l'histoire de Nostradamus, à laquelle on ne peut faire que de vétilleux reproches, est la seule autorité devant laquelle la postérité doive se courber. J'ai donc pour moi l'histoire contemporaine, la tradition, les biographes, les archives muettes de Montpellier; je puis attendre, avec cette sécurité que donne la certitude d'une bonne cause, la sentence de l'Académie des inscriptions et belles-lettres.

J. ALPHANDÉRY,

AVOCAT.

PIÈCES JUSTIFICATIVES.

Lettre de Monsieur le Marquis de Jessé-Charleval à Monsieur Alphandéry, Avocat à Aix. *

Oulx (Piémont), le 19 Janvier 1851.

MONSIEUR,

Le souvenir d'une personne que l'on estime est toujours agréable, mais son prix augmente outre mesure, lorsqu'il est reçu sur la terre étrangère ; c'est pourquoi je ne saurais assez vous remercier de votre bonne lettre du 9 de ce mois, et assez vous témoigner combien j'aurais été heureux de vous transmettre les documens que vous me demandez.

* Je suis autorisé à publier, en entier, en supprimant certains noms propres, cette lettre qui paraît avoir été écrite *currente calamo*, et qui est tout à la fois instructive et touchante.

Par malheur, en quittant momentanément la France, je n'ai rien emporté, pas même des vêtements, et MM. *** ont voulu avoir la gloire de faire main basse sur mon domicile et de livrer au pillage tout ce qui s'y trouvait... Au nombre des objets que je regretterai toujours, se trouvaient sur Crapponne bien des renseignemens qui peut-être n'existaient que dans le fonds des papiers de la famille des Cadenet ! — Crapponne avait donné sa sœur à l'un d'eux, et depuis ce moment les rapports avaient été multipliés à l'infini...

Quant à moi, croyant avoir le mandat de faire revivre les principaux ouvrages de cet homme illustre, je n'avais rien négligé pour m'inspirer de la pensée de leur auteur. Je ne m'étais pas borné aux documens que j'avais sous la main, et j'avais fouillé de tous côtés...

Je me proposais de publier un ouvrage dans lequel on aurait trouvé tout ce qui peut être relatif aux canaux qui font la fortune du deuxième et du troisième arrondissement des Bouches-du-Rhône, aux dépens des hommes généreux qui ne cessent de se succéder dans cette entreprise, depuis bientôt trois siècles. — ..... Il m'était même venu à l'idée de faire passer, à cet égard, sous les yeux du public, une série de notices dont celle de Crapponne n'eût été que le prélude. — Ainsi on aurait vu ce que furent successivement Robert de Moncalm, le marquis d'Allen et le président de Lauris qui, au prix de leur fortune et de leur repos, ont veillé à la conservation des canaux de Crapponne ! Mon travail, à cet égard, était presque complet, et j'en avais causé quelquefois avec l'honorable M. Roux-Alphéran, ancien greffier de la Cour.....

Dans ces notices, je n'avançais pas un seul fait qui ne fût établi, pas une preuve qui ne fût incontestable, et qui de plus ne fût le résultat de ma conviction acquise. La notice que vous avez bien voulu remarquer dans la *Gazette du Midi*, l'hiver dernier, n'avait pas été écrite autrement. J'avais eu mon pouvoir *alors* toutes les pièces citées et même bien d'autres, car la vie de ce malheureux Adam de Crapponne *se complique de tant de détails*, qu'il n'eût été possible de donner à cet égard un *in-octavo* assez épais. J'avais dû me borner, pour le cadre du journal, à fixer quelques dates et à justifier quelques faits jusques-là trop controuvés. Vous remarquerez, mon cher Monsieur, qu'en ce qui touche au lieu de naissance de notre cher Craponne, je me suis abstenu de prononcer. En effet, Salon, qui n'a pas ses actes de l'état civil complets, n'a rien prouvé jusqu'à ce jour à cet égard * et d'un autre côté, il est à craindre que Montpellier, qui a ses archives si entières, ne trouve l'acte même de naissance de Craponne. Dans une telle conjoncture, j'ai cru qu'il fallait d'abord honorer la ville de Salon de ce qu'elle avait donné à Adam une mère des plus dignes et un curateur des plus vigilants. Les actes existent à ce sujet. A défaut de l'acte de naissance, Salon devait transcrire ces actes en lettres d'or . . . . Salon a, de plus, pour justifier l'érection de la statue de Craponne dans ses murs, d'avoir été choisi pour lieu de repos de ses cendres par notre héros lui-même. Son testament fait foi de cette circonstance.

Craponne, d'ailleurs, aimait passionnément Salon, *et l'affection qu'il lui portait était bien celle d'un fils pour sa mère*. Il lui sacrifia les propriétés précieuses qu'il avait en Languedoc ; ainsi, j'ai pu, l'acte de vente à la main, visiter dans les environs de Montpellier la belle ferme de ***Paille-Trisse***, dont les chênes séculaires ont assurément ombragé les membres de sa famille.

Montpellier et Toulouse abondent de renseignements relatifs à Craponne. Je suis loin de les avoir épuisés. C'est là que j'avais vu, quant à son père, cette origine toute *pisane* se mêlant à toutes les grandes combinaisons commerciales de cette république avec les côtes de France et d'Espagne. . . . . . J'en ai profité cet été, lorsque la mauvaise fortune m'a conduit en Toscane pour voir, par moi-même, ce qui en était à cet égard.

* M. de Jessé est ici dans l'erreur. Salon a prouvé, à l'aide de documens historiques, que Craponne était né dans ses murs.

J'ai communiqué à M. le docteur B..... à Paris, tout ce que j'ai vu et retrouvé à Pise, relativement à la famille d'Adam de Crapponne. Veuillez vous le faire communiquer ; au besoin, je vous y autorise, car M. le docteur B... n'a pas plus de droit que vous, mon cher Monsieur, à me succéder dans mon amour pour la mémoire d'Adam de Crapponne. — Une particularité bien singulière, c'est qu'un olivier est le seul arbre et arbuste qui ait trouvé à vivre sur les ruines de la forteresse qui fut le berceau de la famille de Crapponne et lui donna son nom... Ce symbole serait, au besoin, une critique amère de ce que nous voyons, de nos jours, au sujet des restes des canaux qui ont immortalisé parmi nous Adam de Crapponne.

La famille de Crapponne existe encore à Pise ; elle paraît fort jalouse de ses illustrations, quoiqu'elle les compte par centaines, et il ne serait pas impossible qu'elle eût, relativement au *rameau* français, la connaissance parfaite de tous les détails qui peuvent nous manquer. — Dans des temps plus heureux, je me serais mis en rapport avec cette famille, et j'aurais fait profiter notre pays de tout ce que j'aurais puisé à aussi bonne source.....

Adam de Crapponne, lui aussi, connut les douleurs de l'exil ! le délire de quelques créanciers de cette époque l'obligea à travailler sur la terre étrangère. Il trouva l'emploi de ses efforts à quelques pas du lieu où je l'ai trouvé moi-même..... Dans la belle saison, je visiterai Passy-en-Faucigny, et au retour de cette excursion alpine, si vous le permettez, mon cher Monsieur, je vous communiquerai tout ce que j'aurai appris *là* touchant Adam de Crapponne et le séjour qu'il a fait dans cette localité. J'ai des indications pour retrouver bien des choses à Passy. Mais pour le faire avec quelque liberté, il faudrait avoir beaucoup d'amis, comme vous, mon cher Monsieur, ou n'avoir pas le cœur brisé de douleur, comme je l'ai moi-même, et ne pas me trouver, sans cesse, conduit à des rapprochements qui font mal et parfois me détournent involontairement de recherches qui, dans d'autres temps, eussent été si fort dans mes goûts... Pardon et mille fois pardon, mon cher Monsieur, de me laisser aller à vous faire connaître l'état de mon âme en ce moment! je me trouve y avoir été engagé par la sympathie que j'ai toujours reconnue en vous et dans votre honorable famille.

Je ne saurais fermer ma lettre, mon cher Monsieur, sans vous prier de témoigner à vos parents combien je suis reconnaissant des égards avec lesquels ils ont bien voulu me traiter au milieu de mes épreuves, et combien je demande à Dieu de pouvoir refaire ma fortune par le travail le plus opiniâtre, afin de m'acquitter, tout d'abord, envers ceux qui, dans ces difficiles circonstances, se sont montrés véritablement mes amis, soit par leur patience, soit par leur bon souvenir.

Inutile de vous dire, mon cher Monsieur, que, dans mon isolement, je recevrai avec bonheur tout ce que vous publierez sur Crapponne et que je m'empresserai de vous adresser tous les renseignemens que je croirai les plus capables d'appuyer la thèse que vous avez embrassée.

Tout à vous, avec respect et amitié.

DR JESSÉ-CHARLEVAL.

P. S. On voit, par le compte de tutelle des Crapponne, que leur père avait séjourné longtemps pour affaires commerciales à Carpentras, Avignon et *Cavaillon*. C'est dans la capitale du Comtat qu'il fit connaissance avec Antoine de Cadenet. — Les enfants de Jeanne de Crapponne et d'Antoine de Cadenet, dans leur acte de partage, mentionnent plusieurs vergers d'oliviers qu'ils possédaient par moitié avec Adam, comme provenant de la division que Jeanne de Crapponne avait faite avec lui de la succession paternelle. Ces vergers sont si bien décrits, qu'on les reconnaîtrait encore aujourd'hui. Adam de Crapponne a donc été propriétaire à Salon. C'est là un fait dont vous pouvez vous prévaloir à l'appui de votre opinion.

DR J.-C.

Testament de noble homme de Craponne, Escuyer de Salon. *

Comme chose ne soit plus certaine qu'est la mort ni plus incertaine qu'est l'heure d'icelle pour ce, — Adam de Craponne escuyer du dict Sallon fils de feu Guillaume de Craponne et de damoiselle Marie Marche lequel ceque dessus considérant et mesmement que briefvement il s'en veult aller au service du Roy nostre syre au camp qu'il faict dresser contre ses ennemis de prochain en ses pays de Champagne, Vermandois et Picardie, et ne sachant s'il reviendra pour ceque l'estat belliqueux est dangereux, doncques de son bon gré, propre mouvement, certaine science et expresse volonté, a faict, ordonné, institué et estably son testament nuncupatif disposition finale et extrême volonté de tous les biens que le créateur luy a donnés et prestés en

* Je garantis l'authenticité de cette pièce. C'est la copie exactement déchiffrée de la minute qui se trouve dans les vieux registres de Me Fouquet, notaire à Salon. — Rien n'est changé dans la reproduction actuelle, pas même l'orthographe du nom d'Adam de Crapponne

ce monde en la forme et manière que cy après s'ensuit. Et premièrement comme bon chrestien a recommandé et recommande son ame à Dieu le créateur, la Vierge Marie, tous les saincts et sainctes de Paradis, priant icelluy créateur que après que l'ame sera extraite du corps il en aye pityé compassion et miséricorde, et pour ceque après l'âme la chose de ce siècle la plus digne est le corps, doncques icelluy testateur a volu et ordonné que après que son ame sera extraicte de son corps, iceluy corps soit porté en sépulture en l'église parochiale et colégialle de sainct Laurens du dict Sallon, s'il meurt au présent lieu de Sallon, et au tombeau et monument de ses prédécesseurs, et a volu et ordonné iceluy testateur estre accompagné honnorablement à sa sépulture avec tous les prebtres et religieulx du dict lieu, priant Dieu pour son âme, aux quels a volu estre bailhé et distribué à la discrétion de son héritier et gagiers cy après nommés. Item, au dict enterrement a volu estre accompagné de treize pauvres portant chascung ung cierge d'une livre de cire pure et une canne de serge blanche, le tout aux despens de son héritier et que les dicts pauvres avec la dicte serge doivent venir à la nouvene et chanter à la fin d'icelle a volu et ordonné après le dict enterrement estre faicte la nouvene et service deuement en la dicte église de sainct Laurens. Item, a laissé au Curé du dict Sallon, qui est de présent ou sera au temps de sa mort, cinq sols tournois pour son gaige spirituel et aultres cinq sols pour ses forfaicts, s'ils se trouvent plaignants, et luy ont juré *qu'il* ont célébré *de* messes à son intention. Item, et après la dicte novene, icelluy testateur a volu et ordonné estre faict, dict et célébré ung chanter de messes de mort en la dicte église parochialle et collégialle de sainct Laurens du dict Sallon, où seront et doyvent estre tous les prebtres et religieulx du dict Sallon, *prians* Dieu pour son ame aux quels a volu et ordonné estre bailhé et distribué à l'arbitre de son héritier et gagiers cy après nommés. — Item, a volu et ordonné icelluy testateur à la fin de l'an de son trespas et en la dicte église de Sainct Laurens du dict Sallon, estre faict, dict et célébré ung aultre chanter de messes de morts à son intention, semblable au précédent et estre donné la somme comme au précédent. Item, a laissé et par droict de légat laisse icelluy testateur à damoyselle Jehanne de Craponne, sa sœur bien aimée, sçavoir : la somme de cent livres tournois paiables quand elle sera collocquée en mariage par son héritier ci après nommé, et ce pour tous et ungs chascungs les droicts à icelle compétans et appartenants sur ses biens et héritaige par droict de nature frayresque ou quelque aultre droict que ce soict, et que aultre chose ne puisse avoir ne demander sur son dict héritaige ; mais que aveeques ce, soit et doyt estre tacite et contente. — Item, a laissé et laisse icelluy testateur par droict de légat à Damoyselle Catherine de Craponne son aultre sœur bien aimée, à sçavoir : la somme de cent livres tournois payables par son héritier cy après nommé quand elle sera collocquée en mariage et ce pour tous et ungs chascungs les droicts à la dicte Catherine compétans et appartenans sur ses biens et héritaige par droict de nature, légitime fraíresque et aultre droict que ce soit ; mais que aveeques ce, soit tacite et contente. Semblablement icelluy testateur considérant la bonne amour et affection qu'il porte envers la dicte damoyselle * Marie de Craponne, sa mère, pour les bons et agréables services que luy a faicts le temps passé faict tous les jours et a espoir qu'elle luy fera à l'advenir et pour ce, de son bon gré, à icelle a laissé et laisse par droict de légat la somme de cent livres tournois paiables dedans l'an de son trespas par son héritier cy après nommé pour une foys tant seulement; et pour ce que institution d'héritier est le chef et fondement de ung chascung testament doncques icelluy Adam de Craponne, testateur, de son bon gré, propre mouvement, certaine science et expresse volonté en tous et ungs chascungs ses aultres biens meubles immeubles pour soy concernants droicts noms et actions quelconques

* La femme d'un écuyer n'était point dame elle n'était que damoiselle

présents et advenir en quelque part et lieu qu'ils soient et soubs quelque espèce et qualité A faict, créé, nommé, ordonné et estably, et par ces présentes faict, crée, nomme, ordonne et establist son héritier universel et particulier et l'a nommé et appelé de sa propre bouche à scavoir Frédéricq de Craponne, escuyer du dict Sallon, son frère bien aymé et les siens par lequel veut et prétend son testament estre accompli, et affinque le présent son testament puisse estre mieux exéquté et sa volonté accomplye en ceque concerne les laysses pitoyables et de son âme pour ce icelluy Adam de Craponne, testateur, de son bon gré et propre mouvement, certaine science et expresse volonté, a faict et ordonné ses gagiers et exéquteurs du présent sien testament a scavoir Anthoine Rousset escuyer et Palamedes Marc aussi escuyer sieur de Chasteau Neuf, du dict Sallon, aux quels etc. et a volu etc. cassant etc. et moy notaire etc. * Faict, et Passé au dict Sallon, en la salle de la maison de moy dict notaire — en présences de maistre Jacques Bardin et Pierre Callot, cotturiers, Jéhan Matharon, revendeur, Glaude Martel, Guilleaume Peyras, maistres marchands, maistre Boys Janny barbier et Balthazar Matharon, revendeur du dict Sallon.

Des minutes de Mᵉ Estienne Hozier, notaire royal à Sallon, de l'an [illegible]2, fol. 194, du 26 ou 27 février de la dite année. **

* Tous ces *et caetera* se trouvent textuellement dans l'original.

** Ce testament ne porte pas de date, ni au commencement ni à la fin. Il n'y en a pas d'autre, pour l'année, que celle du registre et, pour les mois et jours, que celles de l'acte qui précède et de celui qui suit.

Eh bien, je le demande au lecteur impartial, avais-je raison de dire, à la page 31, que l'homme illustre, le fils affectueux, le frère dévoué et le chrétien sincère, sous les inspirations de qui furent écrites ces lignes touchantes et mémorables, ne pouvait être né ailleurs qu'à Salon ?

Ce désir, manifesté d'une manière si énergique, d'être enterré à Saint-Laurent, de Salon, dans la tombe de ses prédécesseurs, ce cérémonial de ses obsèques, ce legs au curé de la paroisse de Salon, cette pensée toujours tournée vers le même pays, trahissant, dans sa pieuse expression, l'intérêt que lui porte le testateur, parlent en effet plus haut que tous les commentaires.

Pas un mot de Montpellier, où l'on voudrait cependant qu'Adam eût vu le jour !

Cette omission que j'ai le droit de considérer comme volontaire, l'ensemble du testament, le témoignage de l'historien Nostradamus, et enfin toutes les circonstances que j'ai mises en saillie, se dresseront toujours contre mon adversaire comme tout autant d'armes qui combattront victorieusement son opinion.

J. ALPHANDÉRY,

AVOCAT.

www.ingramcontent.com/pod-product-compliance
Ingram Content Group UK Ltd.
Pitfield, Milton Keynes, MK11 3LW, UK
UKHW021013180726
13838UKWH00004B/1530

9 782329 394299